KB249064

똥을 왜 싸요?

WHY DO I: POO by Kirsty Holmes
Copyright ⓒ 2021 Booklife Publishing
All rights reserved.
Korean translation copyright ⓒ GIRIN MEDIA 2021
Korean translation rights are arranged with Booklife Publishing through B.K.Agency and AMO Agency.
이 책의 한국어판 저작권은 AMO 에이전시를 통해 저작권자와 독점 계약한 기린 미디어에 있습니다.
저작권법에 의해 한국 내에서 보호를 받는 저작물이므로 무단 전재와 무단 복제를 금합니다.

왜 똥을 싸요?

커스티 홈스 글
이계순 옮김
서영균 감수

기린미디어

왜
똥을
싸요?

차례

이렇게
밑줄이 그어진
단어의 뜻은
26쪽에 있어요.

화장실에 가고 싶나요?

하늘을 나는 새도, 느릿느릿한 곰도, 지하실에
사는 쥐도 모두 다 똥을 싸요! 아니, 어떻게 전부
똥을 쌀까요? 똥은 왜 싸는 걸까요?
그리고 어떻게 생기는 걸까요?

우리는 매일 음식을 먹어요. 그리고 몸은 공장처럼 착착 돌아가요. 음식을 먹으면 몸에 필요한 것만 남기고, 나머지는 똥으로 내보내요.

음식과 영양소

사람이나 동물은 음식을 먹어야 해요. 음식에는 우리가 살아가는 데 꼭
필요한 <u>영양소</u>가 들어 있어요. 우리는 매일 다양한 영양소를 섭취해야 해요.

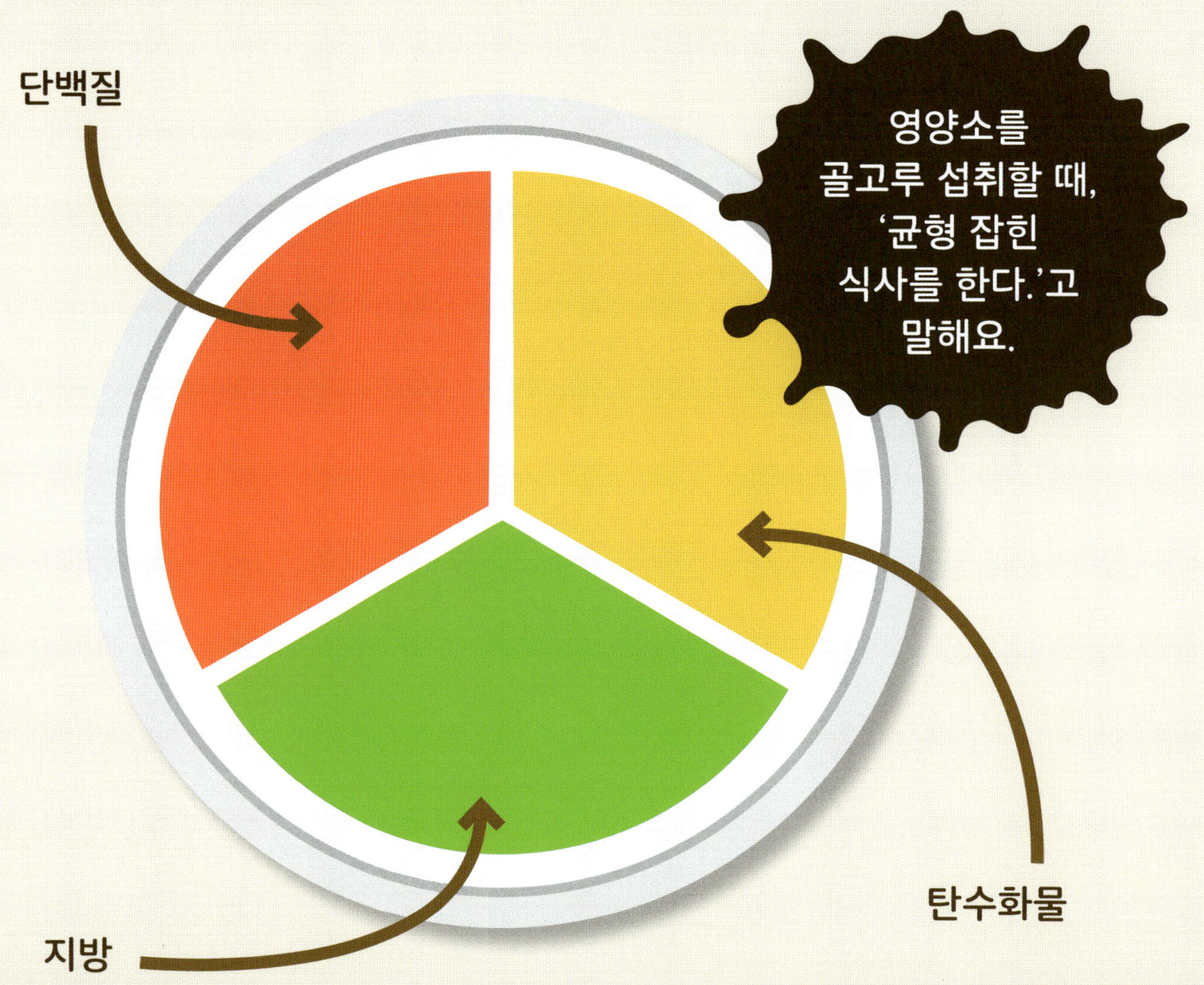

몸에는 아주 영리한 기관들이 있어요. 그래서 음식을 먹으면 음식에서
영양소를 빼내 몸속 필요한 곳으로 보내 주지요.

소화 기관

소화 기관이라고 해요. 소화 기관은 음식을 소화하고 영양소를 빨아들여요.
음식을 처음으로 받아들이는 소화 기관은 입이에요.

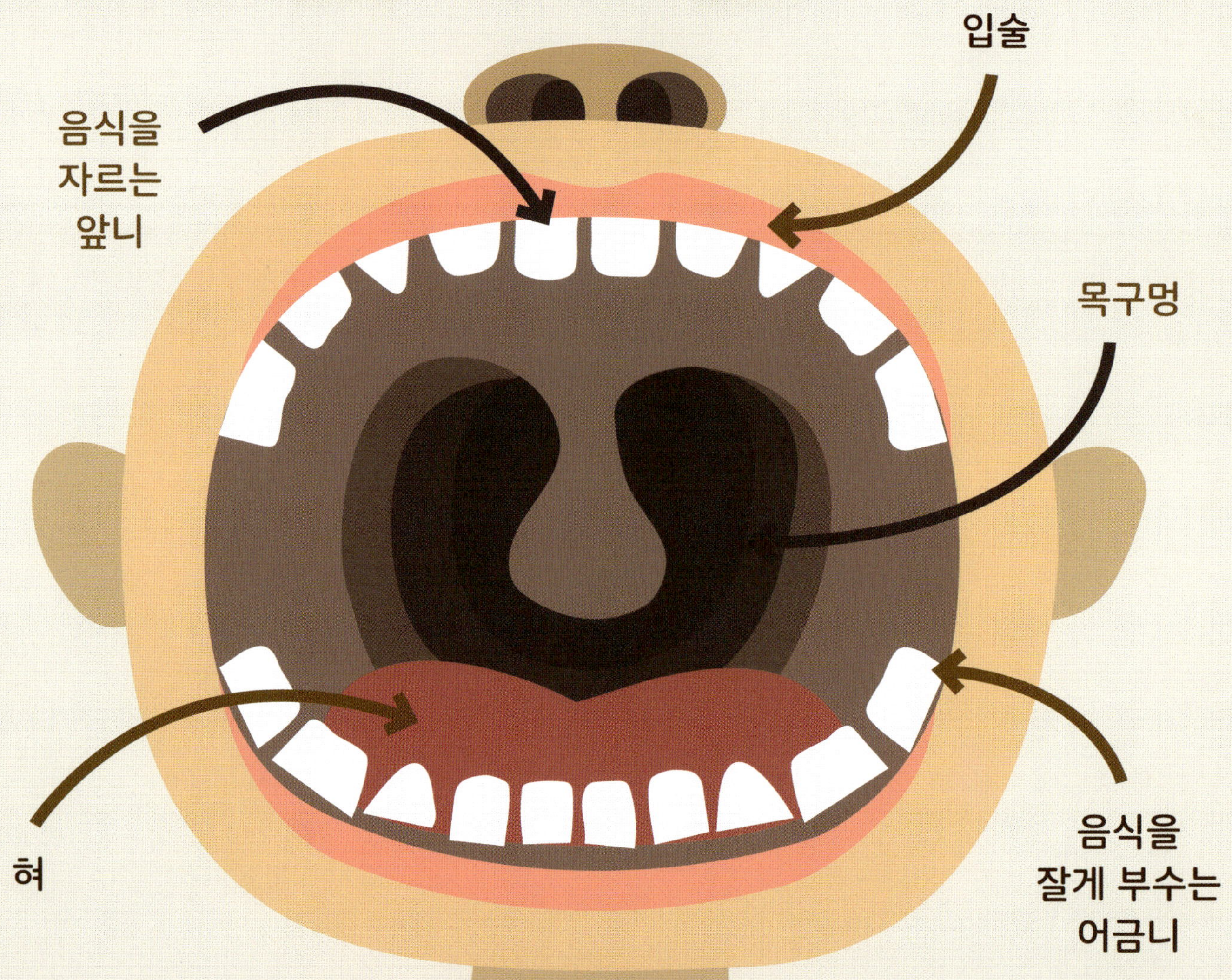

음식에서 영양소를 얻으려면 우선 음식을 꼭꼭 씹어야 해요. 음식을 흐물흐물하게 만들어 목구멍으로 꿀꺽 삼킬 수 있을 때까지요.

똥이 만들어지기까지

우리가 먹은 피자는 어떻게 똥이 될까요?

4단계:
영양소는
작은창자(소장)에서
빨아들여요. 그리고
남은 것들은…
5단계:
큰창자(대장)로
가지요. 큰창자에서
물과 영양소를
마지막으로 빨아들이고,
나머지 찌꺼기들은
뭉쳐져서…
6단계:
똥으로
나가지요!

똥을 이루는 것들

식이 섬유는
음식의 소화를 도와요.
장 속에 사는 좋은
세균이 식이 섬유를 무척
잘 먹거든요. 그리고
식이 섬유는 똥이 쑥
나오도록 해 줘요.

음식에서 영양소를 다 흡수하고 나면, 더 이상 소화할 수 없는 찌꺼기만 남아요. 이 찌꺼기는 대부분 식이 섬유예요.

똥은 식이 섬유를 비롯해 물과 <u>점액</u> 그리고 죽은 세균 등으로 이루어져
있어요. 세균이 만든 물질들 때문에 똥에서 지독한 냄새가 나는 거예요!

점액

물

식이 섬유

살아 있는 세균

죽은 세균

오줌과 방귀

몸에서 나오는 찌꺼기는 똥만 있는 게 아니에요.

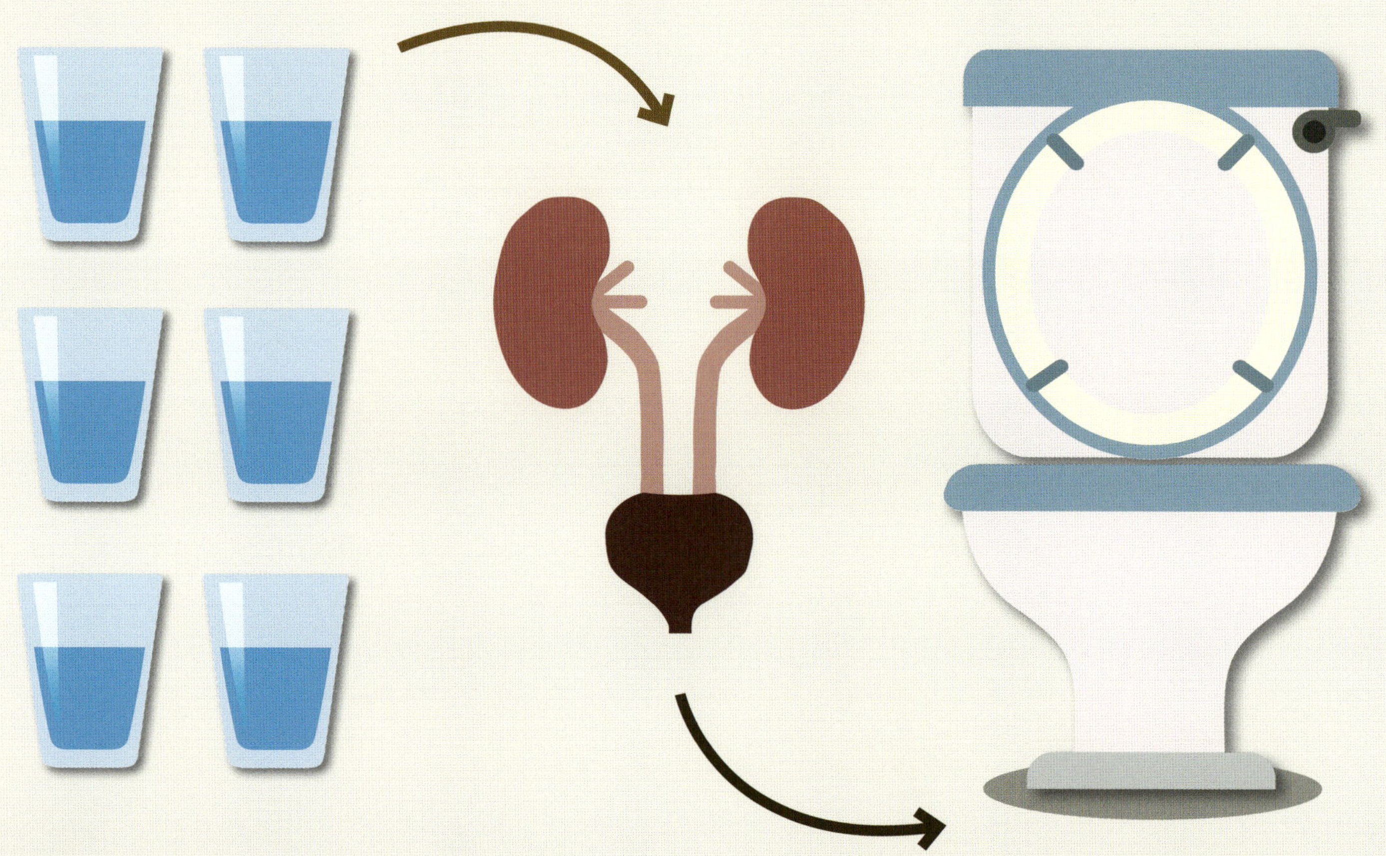

오줌

오줌은 소변이라고도 하는데, 콩팥(신장)이라는 한 쌍의 기관에서 만들어진 액체 형태의 찌꺼기예요. 콩팥은 핏속의 찌꺼기를 오줌으로 내보내요.

방귀

우리는 음식을 꿀꺽 삼키면서 공기도 같이 삼켜요. 그리고 장 속에 사는 세균은 음식을 분해하면서 가스를 만들어요. 이런 공기와 가스를 몸 밖으로 내보내는 걸 '방귀를 뀐다.'고 하지요.

변비와 설사

이런, 큰일났어요!

똥을 전혀 못 누거나 똥이 너무 딱딱하게 굳어서 똥을 눌 때 아프다면,
변비에 걸린 거예요.

똥이 갑자기 참을 수 없이 마렵고 물기 많은 똥이 나온다면 설사가 난 거예요.

변비에 걸리거나 설사를 하는 이유는 무척 많아요.
변비나 설사로 배앓이를 한다면, 어른에게 얼른 알려야 해요.
약을 먹어야 할 수도 있으니까요.

여러 가지 똥 모양

똥의 모양과 크기, 색깔은 정말 여러 가지예요! 똥을 보면 건강에 대해 많은 걸 알 수 있지요.

5.

말랑말랑한 덩어리 모양:
식이 섬유를 섭취해 똥을 좀 더
단단하게 만들어야 해요.

똥을 만지면 안 돼요.
똥을 누고 난 후에는
항상 손을 깨끗이
씻도록 해요!

6.

걸쭉한 모양:
가벼운 설사예요.

7.

물처럼 흐르는 모양:
심한 설사예요.

이런 표를
'브리스톨
대변 도표'라고 해요.
대변이란 똥을
점잖게 이르는
말이지요.

슈퍼 똥 파워!

똥으로 전기를 만들어요!

똥에서는 메탄가스가 나와요.
메탄가스를 태우면 에너지가 생기는데,
이 에너지로 집에서 전기 제품을
사용하는 거예요.

식물을 자라게 해요!

천연 비료인 동물 똥은 식물이 쑥쑥 자라게 해요.

버스를 움직여요!

2014년, 사람의 똥으로 달리는 버스가
영국에서 처음 등장했어요. 이 버스는 똥에서
나오는 메탄가스로 움직이는데, 지금도
영국에서 두 지역 사이를 오가고 있지요.

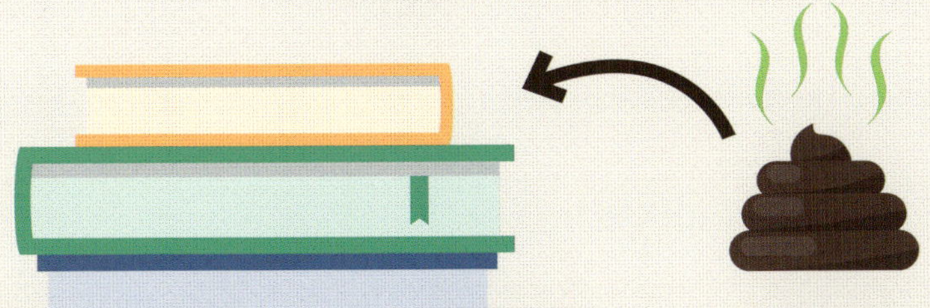

똥으로 종이를 만들어요!

똥에는 식이 섬유가 많아요. 그래서 어떤
곳에서는 이 식이 섬유로 종이를 만들지요.
코끼리 똥, 양 똥… 그리고 판다 똥으로도요!

누구 똥일까요?

아래 똥 그림을 보고 오른쪽에서 누가 싼 똥인지 찾아낼 수 있나요?

쥐는 자기가 싼 똥을 먹기도 해요.
우리는 절대 그러지 말아요!
우웩!

파랑비늘돔은 산호를 먹고
똥으로 산호 조각과 모래를
내보내요.

올빼미는 먹이를
한입에 꿀꺽 삼켜요. 그런 다음
소화하지 못한 먹이의 뼈와 털
뭉치를 뱉어 내는데, 이를
'펠릿'이라고 해요.

코끼리는 똥을
하루에 35킬로그램에서
135킬로그램 정도 눠요.

[정답] 1. 코끼리 똥 2. 쥐 똥 3. 올빼미의 펠릿 4. 파랑비늘돔 똥

무슨 뜻일까요?

기관
9, 10, 16쪽

우리 몸의 한 부분으로, 일정한 모양을 가지고 특별히 정해진 일을 해요.

분해
11, 12, 17쪽

어떤 물질을 보다 간단한 두 개 이상의 물질로 나누는 것을 말해요.

비료
22쪽

식물이 잘 자라게 도와주는 영양 물질이에요.

식이 섬유
14, 15, 21, 23쪽

씨앗, 곡물, 과일 등 식물의 질긴 부분으로, 소화가 되지 않아요.

세균
14, 15, 17쪽

다른 동물이나 식물에 붙어살면서 병을 일으키거나 발효 작용 등을 하는 작은 생물이에요. 박테리아라고도 해요.

영양소
8-14쪽

우리가 성장하고 건강하게 지내는 데 필요한 힘을 주는 물질이에요.

액체
16쪽

물처럼 모양이 없고 흘러 움직이는 물질의 상태를 말해요.

점액
15쪽

미끄럽고 끈적끈적한 액체예요.

침
11쪽

침샘에서 나오는 소화액이에요. 침 속에는 탄수화물의 소화를 돕는 물질이 들어 있어요.

효소
12쪽

우리 몸속에서 어떤 물질이 다른 것으로 바뀔 때 도와주는 물질이에요. 예를 들어 소화 효소는 음식물이 잘게 쪼개져서 소화되기 쉽게 바뀌도록 도와줘요.

삐뽀삐뽀 우리 몸

왜 똥을 싸요?

초판 **1쇄 발행** 2021년 5월 25일 | 초판 **2쇄 발행** 2022년 6월 22일

글쓴이 커스티 홈스 | **옮긴이** 이계순 | **감수** 서영균

펴낸이 홍성우 | **책임 편집** 이정은 | **디자인** 박두레

펴낸곳 기린미디어 | **등록** 2016년 4월 26일 제 409-2016-000009호

주소 경기도 김포시 모담공원로 17

전화 0505-302-2381 | **팩스** 0505-300-2381 | **전자우편** girinmedia@daum.net

ISBN 979-11-91142-15-0 74470

979-11-91142-11-2 (세트)

*책값은 뒤표지에 표시되어 있습니다.

*파본이나 잘못된 책은 구입하신 곳에서 바꿔드립니다.

 **품명** 아동 도서 | **사용연령** 5세 이상 | **제조국** 대한민국 | **제조년월** 2022년 6월 22일 | **제조자명** 기린미디어
연락처 0505-302-2381 | **주소** 경기도 김포시 모담공원로 17
주의사항 종이에 베이거나 긁히지 않도록 조심하세요. 책 모서리가 날카로우니 던지거나 떨어뜨리지 마세요.
KC마크는 이 제품이 공통안전기준에 적합하였음을 의미합니다.

이미지 출처

셔터스톡, 게티이미지, 싱크스톡포토, 아이스톡포토

표지, p3 : Dmitry Natashin, Nadzin, Iconic Bestiary, Vivid vector. 모든 페이지마다 사용된 이미지 : Nadzin, TheFarAwayKingdom. p4-6 : Iconic Bestiary. p8 : svtdesign. p9 : Iconic Bestiary. p10 : derter. p11 : eHrach, Iconic Bestiary. p12–18 : Iconic Bestiary. p19 : Roi and Roi. p20–21 : Iconic Bestiary. p22 : Perfect Vectors. p23 : HedgehogVector. p24-25 : Iconic Bestiary. p25 : Perfect Vectors.

글쓴이 커스티 홈스
10년 동안 학교 교사로 일했습니다. 그리고 출판사에서 편집자로 일했습니다. 수십 권의 어린이 교양 도서를 썼습니다.

옮긴이 이계순
서울대학교를 졸업했고, 인문사회부터 과학에 이르기까지 폭넓은 분야에 관심을 갖고 공부하는 것을 좋아합니다. 좋은 어린이·청소년 책을
우리말로 옮기는 일에 힘쓰고 있습니다. 옮긴 책으로《캣보이》,《1분 1시간 1일 나와 승리 사이》,《말똥말똥 잠이 안 와》,《지키지 말아야 할 비
밀》, <공룡 나라 친구들 시리즈(전11권)> 등이 있습니다.

감수 서영균
서울대학교 의과대학을 졸업한 의학박사, 가정의학과 전문의입니다. KBS <생로병사의 비밀>, 채널A <나는 몸신이다> 등 다수의 프로그램
에 출연했습니다. 현재 한림대학교 성심병원 가정의학과 교수입니다.

삐뽀삐뽀 우리 몸 시리즈

낮설고 생소한 우리 몸에 대한 의학적 지식들을
간결한 글과 그림으로 쉽고 재미있게 알려 줘요.
우리 몸에 대한 여러 가지 호기심을 해소하고,
내 몸과 비교하며 관찰할 수 있어요.

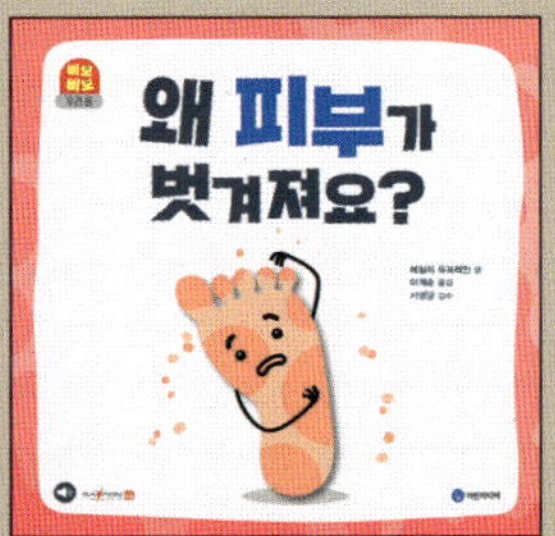

왜 피가 나요?	왜 가려워요?
왜 키가 자라요?	왜 피부가 벗겨져요?
왜 토해요?	왜 땀이 나요?
왜 똥을 싸요?	왜 잠을 자요?
왜 오줌을 싸요?	왜 침이 나와요?
왜 재채기를 해요?	왜 손을 씻어요?
왜 눈물이 나요?	왜 마스크를 써요?

커스티 홈스 외 글, 이계순 옮김, 서영균 감수

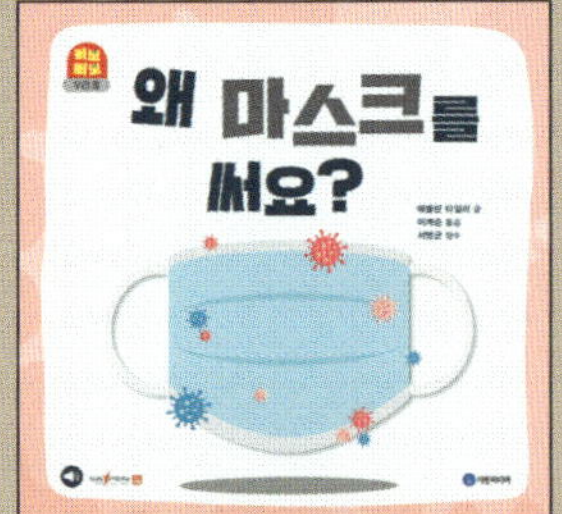